带着科学去旅行

中国少年儿童百科全书

树木与自然

梦学堂 编

北京日报出版社

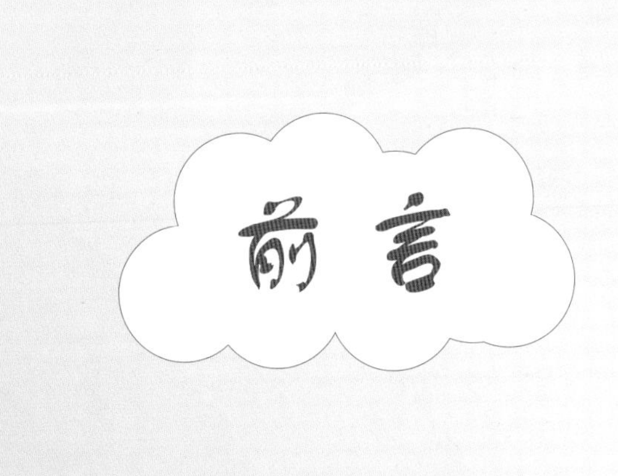

前言

孩子喜欢读什么书呢？这是每个家长都会问的问题。一本好看的童书一定是既新颖有趣又色彩丰富，尤其是儿童科普类图书。本套图书根据网络图书平台大数据，筛选了近五年来最热门的科普主题，包括动物、鸟类、昆虫、花草、树木、海洋、人的身体、天气、地球和宇宙十大高价值主题。

孩子的想象力既丰富又奇特，他们每天都会提出五花八门、千奇百怪的问题，很多问题连家长也难以解答。这时候就需要一套内容丰富、生动有趣，同时能够解答孩子疑惑的科普读物来帮忙。

本套图书采用全新的版式来编排，精美大气的高清彩图配上通俗易懂的文字，既生动亲切又新颖有趣。

为了让孩子尽可能地理解、记住抽象深奥的植物知识，本书精心设置了“植物小名片”板块，将书中最核心的知识归纳总结在上面，相当于老师在课堂上把重点内容写在小黑板上。孩子只要记住“植物小名片”里面的知识，就能记住整本书的核心知识。

此外，本书还设置了“科学探险队”“你知道吗？”“原来如此！”“真奇妙！”等丰富有趣的板块，让孩子开心地跟随书中的小主人公一起去探索神奇的植物世界。

衷心期待本书能在孩子心中播下科学的种子，让孩子健康快乐地成长。

科学探险队

米小乐

不太爱学习的男孩，调皮、贪玩，对各种动物，尤其是海洋动物和昆虫感兴趣，好奇心强。

菲菲

对科学很感兴趣的女孩，学习认真，喜欢各种植物，特别是花草。

袋袋熊

贪吃，憨态可掬，喜欢问问题，特别是关于鸟类和其他小动物的问题。

米小乐： 菲菲，咱们这次科学探险，要前往什么地方？

菲　菲： 这次咱们要采访树木，它们既生活在森林里，也生活在田野、草原上，当然，城市和乡村也有很多树木，所以我们要去很多很多地方，大家可不要喊累哦！

袋袋熊： 没问题，我喜欢探险，再苦再累也不怕！

菲　菲： 袋袋熊是好样的，米小乐，你呢？

米小乐： 我更没问题了，伟大的科学探险是我的最爱，出发！

本书的阅读方式

每一种树木都有与众不同的生活，它们用第一人称“我”向大家介绍自己。

用第一人称讲述树木的具体特征、种植知识和具体用途等。

“科学探险队”与树木们亲密接触，在第一现场为大家讲解树木们的神奇生活。

柳树

我是婀娜多姿的柳树，又叫杨柳，是著名的绿化天使。《诗经》中“昔我往矣，杨柳依依”指的就是我。我属于广生态幅植物，对环境的适应性很强，喜光、喜湿、耐寒，是中生偏湿树种。我非常容易存活，只要条件适宜，折根柳枝插在土壤中就能生长。我具有很高的经济价值和园林价值，对人类非常重要。

植物小名片

木兰纲—金虎尾目—杨柳科
分布范围：北半球温带
种类：落叶乔木或灌木
用途：家具、造纸、美化环境

柳树都生活在哪些地方？

柳树：无论高山、平原、沙丘、极地都能够看见我们的身影。最密集的居住地是北半球温带地区。

在中国华北、东北、西北地区生活着我们旱柳家族，大江南北生活的是我们垂柳家族。我们还被引种到亚洲、欧洲、美洲许多国家。比如，朝鲜垂柳、圆头柳、长柱柳、白皮柳、大白柳、细柱柳、杞柳等，它们大都是原产于中国东北，朝鲜、日本及俄罗斯远东地区。

爆竹柳是我们的欧洲亲戚，现在已经被引进到中国东北。白柳原来生活在中国新疆、甘肃、青海及西藏等地，目前已经扩散到伊朗、巴基斯坦、印度北部、阿富汗、俄罗斯和欧洲的一些国家。

哇，想不到柳树分布这么广，你们真是“世界公民”！

为什么柳树容易成活？

柳树：这主要是因为在我们柳枝的形成层和髓芒之间有很多具有很强分裂能力的细胞群，这些细胞能够迅速分裂繁殖，形成根的原始体。当柳枝被插到土壤里时，遇到合适的温度、湿度和遮光条件，根的原始体就会逐渐发育，形成新根。

原来如此！

柳树早在4000多年前就在我国栽培了，当时古蜀鱼凫王封树定界，在鱼凫故都（今属四川省成都市温江区）土地上广泛种植，由于柳树易成活，易识别，好看且独具风格，所以被作为鱼凫古城的疆界。

“植物小名片”总结了每种树木所属的门类、分布范围、种类，以及用途，是书中的核心知识，方便记忆和理解。

用第一人称介绍树木的各种有趣知识和相关文化。

“原来如此！”等小板块进一步介绍树木的各种冷知识、小秘密，以及怎样种植和爱护它们。

目录

植物的光合作用

植物不能到处捕食，但仍然能生机勃勃，原因在于它们的体内有神奇的“能量工厂”。在植物的叶片中，有一种被称为叶绿体的神奇“设备”，它不用电、不用煤，只用最清洁的太阳能，就能生产出植物需要的营养成分，这就是植物的光合作用。植物的光合作用是地球碳氧循环中最重要的一环，对生物圈内几乎所有生物来说，光合作用都是其赖以生存的关键。

白天阳光充足，植物可以充分吸收空气中的二氧化碳，然后转换成氧气释放出来；夜晚，植物将吸收的二氧化碳释放出来，合成有机物质贮存在植物体内。

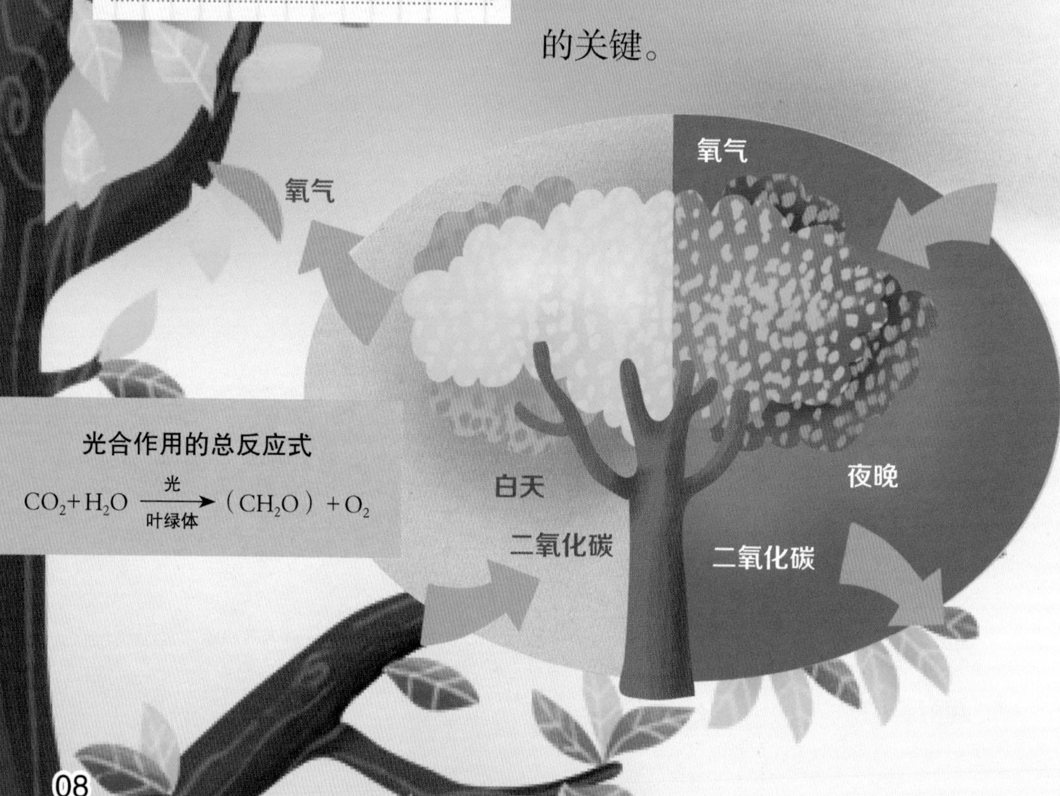

光合作用的总反应式

$$CO_2+H_2O \xrightarrow[\text{叶绿体}]{\text{光}} (CH_2O)+O_2$$

什么是光合作用?

光合作用是指植物吸收光能，将二氧化碳和水转化为有机物质并释放出氧气的过程。植物进行光合作用时，必须要有阳光、叶绿体、二氧化碳和水。光合作用中合成的有机物是植物赖以生存的主要能量来源。

光合作用对自然界的生态平衡具有重要意义。光合作用合成的有机物，不仅可以满足植物生长发育的需要，也为人类和其他动物提供了食物来源。光合作用在合成有机物的同时，还将光能转化为化学能，贮藏在所形成的有机物中。据估算，植物每年通过光合作用转化的太阳能，约为全人类所需能量的 10 倍。

什么是呼吸作用?

呼吸作用是指植物分解有机物并释放能量的过程，与光合作用相互对立、相互依存，通常分为有氧呼吸和无氧呼吸两种。大多数植物主要进行有氧呼吸，其细胞利用氧分子将有机物彻底氧化分解，形成二氧化碳和水，同时释放能量。在缺氧时，植物也会被迫进行无氧呼吸，将有机物分解为不彻底的氧化产物，如乙醇等。长期无氧呼吸会导致植物受伤甚至死亡。

什么是蒸腾作用?

植物体内的水分以气体状态不断散发到体外的过程被称为蒸腾作用。植物体内的水分主要是根部从土壤中吸收的，能通过维管组织输送到茎和叶中，再由叶片表面蒸腾进入空气中。蒸腾作用使水分和无机盐从土壤进入植物体内，这是植物得以生长发育的关键。

种子

种子是裸子植物和被子植物特有的繁殖器官，由胚珠经传粉受精发育而成，一般由种皮、胚和胚乳组成。胚是新植物的幼体，也是种子的主要组成部分，种子的形成使胚得到母体的保护，并像哺乳动物的胎儿那样得到充足的养料。为了延续种群，不同植物的种子演化出适应生存环境的多种结构。

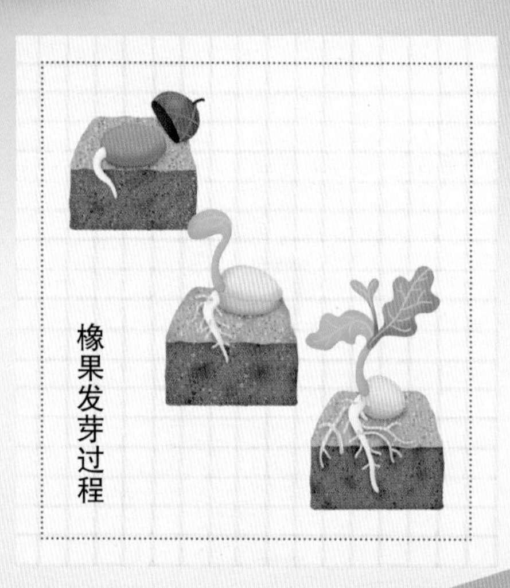
橡果发芽过程

蒲公英种子

栗子

种子是怎样传播的?

种子的传播方式有四种：自传播、风传播、水传播和动物传播。

自传播指植物成熟后，果实或种子会因重力或自身挤压作用直接掉落在地面上，如豌豆。风传播是指某些植物的种子会长出如翅膀或羽毛一样的附属物，能被风带到远方，如蒲公英等。水传播指许多水生植物的种子成熟后会浮在水面上，随溪流或洋流漂到远方，如睡莲和椰子树。动物传播是指许多植物的种子上长有毛刺，可以附着在鸟兽身上被带到远方。也有些种子被鸟类啄食，很难消化，又随粪便排泄到不同的地方，从而得以传播。

种子的形态

根据胚乳的有无，种子可分为有胚乳种子和无胚乳种子两类。有胚乳种子由种皮、胚和胚乳三部分组成，如蓖麻、烟草、番茄、柿子、水稻、玉米、小麦和高粱的种子。无胚乳种子由种皮和胚两部分组成，子叶肥厚，贮藏大量营养物质，代替了胚乳的功能，如菜豆、豌豆、花生、棉花和慈姑的种子。

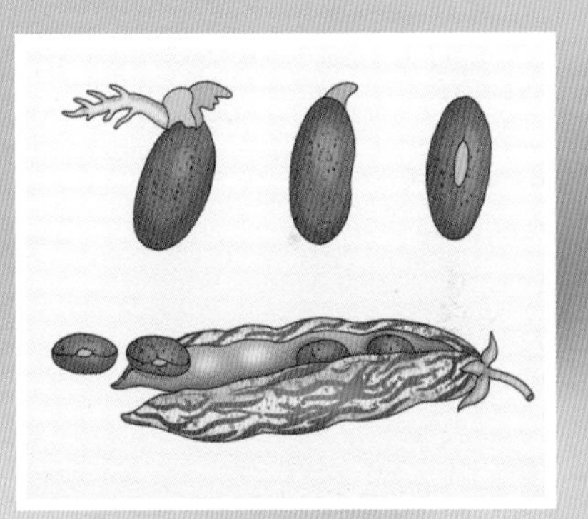

你知道吗?

种子的寿命

成熟的种子离开母体后仍有生命，不同植物的种子寿命差异也很大。比如，巴西橡胶的种子寿命仅一周左右，而莲的种子寿命可长达千年。

树木

树木是木本植物的总称，包含乔木、灌木和木质藤本，树木绝大多数是种子植物，蕨类植物中只有树蕨是树木。树木对地球的生态环境非常重要，它们可以从空气中吸收二氧化碳，将大量的碳储存起来。

树木和森林是许多物种的栖息地。热带雨林是世界上生物多样性最丰富的地方之一。树木可以提供遮阴和环境保护，木材可用于建筑,木炭可用于加热及烹煮，果实可作为食物。

树干的木质部有导管，韧皮部有筛管。导管和筛管是负责运输营养的两条通道。

树木的年龄可以通过计算树木的年轮来确定。

树木有哪些作用？

树木和绿色植物不断地进行光合作用，消耗空气中的二氧化碳，制造出新鲜氧气。空气中 60% 以上的氧气来自陆地上的树木和绿色植物，因而人们把树木和绿色植物称为“氧气制造厂”“新鲜空气加工厂”。

树木还能分泌杀菌素来杀灭空气中的各种病菌，吸收工业化生产排放的有毒气体、滞留污染大气的烟尘粉尘和消除对人类有害的噪声污染等。

树木茂密的树冠和绿叶能遮拦阳光、吸收太阳的辐射热,从而降低气温。树木不断地把土壤中的水分吸收进体内,再通过叶片的蒸腾作用把根吸收的大部分水分以水汽的形式扩散到大气中,从而改善、调节空气的相对湿度。

此外，树木还能固定土壤，防止水土流失,挡风停沙,绿化、美化环境,为人类提供木材和果实等。有的树木还有药用价值，可以制成药材。

自己动手!

测量树高

你可以用一根和手臂一样长的棍子计算出一棵树的高度。首先，竖举这根棍子，向前伸直手臂，手臂与棍子呈直角，然后离开树向后移动，一直走到从你的视角看去，棍子的两端与树木的两端重合。这时，你和树之间的距离就是这棵树的高度。

你知道吗？

树木按生长类型，可分为乔木类，通常高 6 米以上，具有明显的高大主干；灌木类，通常高 6 米以下，主干低矮；藤木类，能缠绕或攀附他物而向上生长的木本植物，如爬山虎；匍匐类，干、枝等均匍地生长，如铺地柏。

根

根是维管植物（蕨类植物和种子植物）体轴的地下部分，主要起固着和吸收养分的作用，同时还有合成和贮藏有机物质，以及进行营养繁殖的功能。

一株植物地下部分所有根的总体称为根系。种子萌发时，胚根生长成主根。主根上生的各级大小分支，都叫作侧根。有些植物的根系由发达的主根和各级侧根组成，叫作直根系，如樟树等。双子叶植物的根系大多是直根系。

种子萌发时，主根生长缓慢或停止，而在胚轴或茎节等部分生发新根，这些根叫作不定根。小麦等植物的根主要由不定根组成。无明显主根和侧根区别的根系或全部根是由不定根和它的分支组成的，粗细相近，无主次之分，而呈须状，这样的根系称为须根系。单子叶植物的根系大多是须根系。

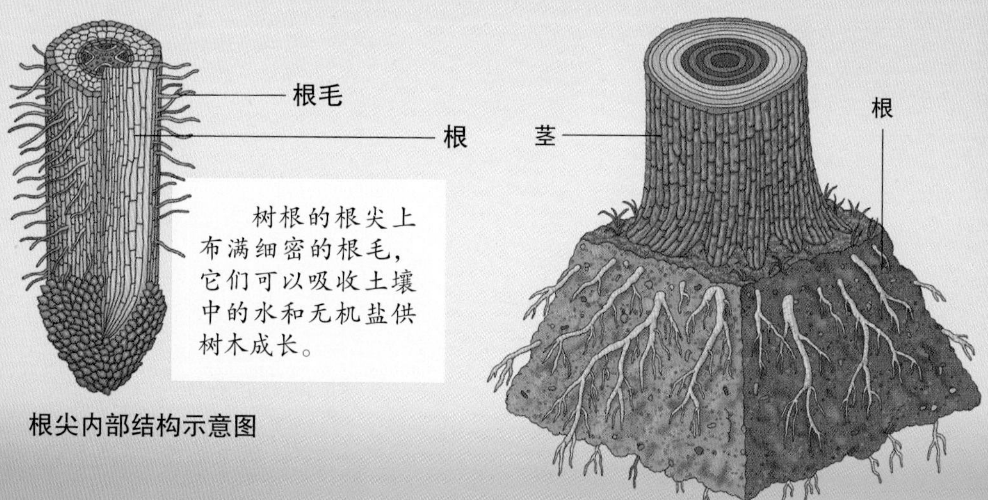

根尖内部结构示意图

什么是贮藏根？

贮藏根是植物为适应不同环境而产生的变态根，大多着生于地下，根体肥大，能有效地贮藏营养物质。根据发育来源的不同，贮藏根可分为肉质根和块根。

肉质根由部分主根膨大发育而成，呈圆锥状或球状，如胡萝卜的可食用部分。块根由侧根或不定根发育而来，通常呈肥大的块状，如番薯、木薯等植物的块根。

吃了这么多年胡萝卜，没想到吃的竟然是根，真有点儿接受不了。

什么是气生根？

植物生长于地面以上的根称为气生根，它是植物为适应不同环境而产生的变态根。根据功能的不同，气生根可分为支柱根、呼吸根、攀缘根等类型。

支柱根是从横株主干基部长出的不定根，较为粗大。呼吸根是生长在沼泽或沿海地带的一些植物所具有的，能向上生长，挺立于空气中进行呼吸。

树木小知识

根的功能

根具有吸收、固着、输导、合成、储物和繁殖的作用。它不仅是吸收水分和矿物质的主要器官，还是一个转化和合成营养的器官，代谢活动异常活跃。

叶

叶是植物进行光合作用的主要器官。从广义上讲，凡可以进行光合作用的都可以叫作叶，如低等植物中的某些藻类、海带、苔藓等。从狭义上讲，只有维管植物才具有真正的叶。

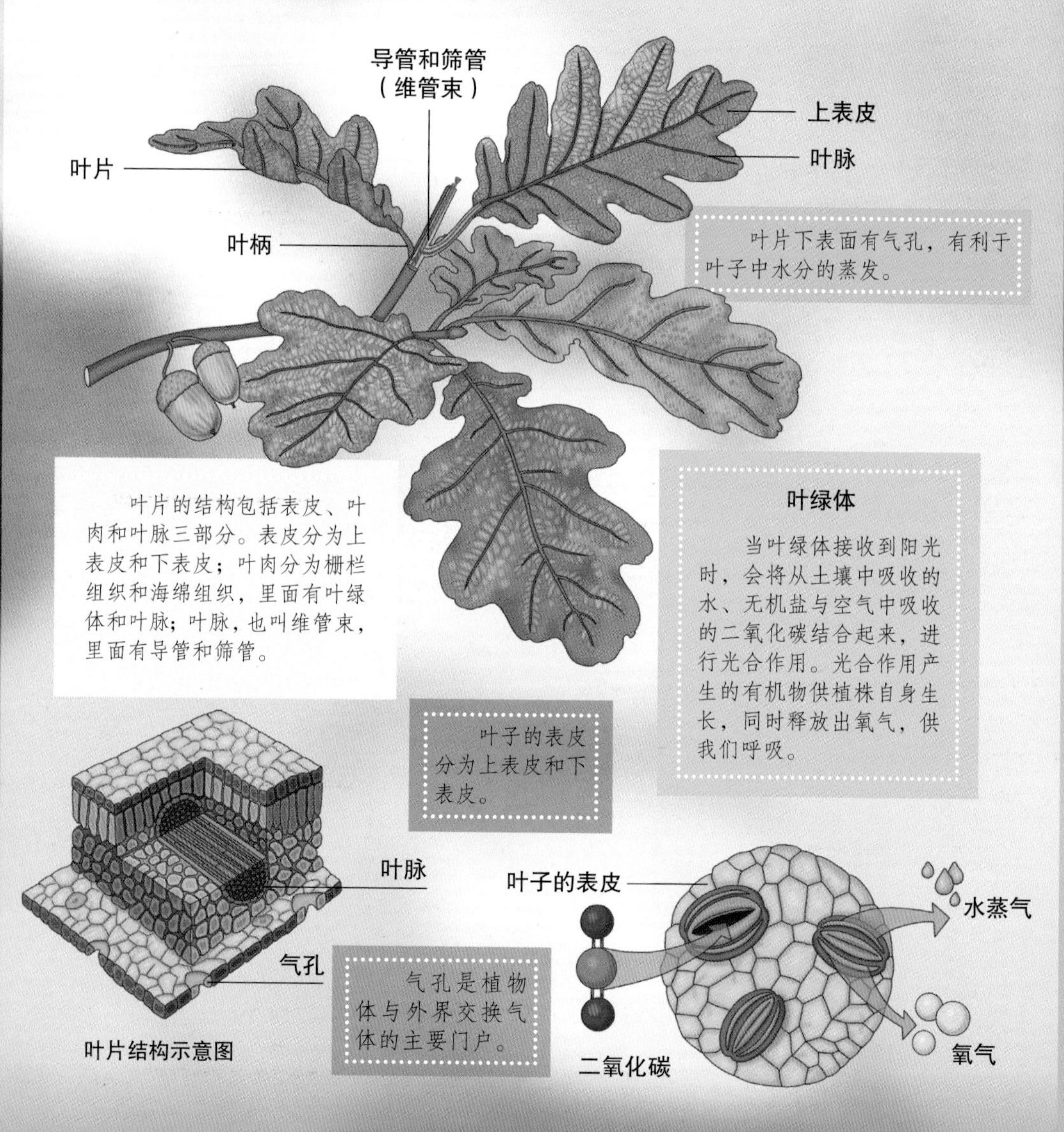

叶片结构示意图

什么是叶序?

叶序指叶在茎上有规律的排列方式。叶序的存在一方面使茎枝在某一方向不至于负荷过重，另一方面叶片不至于相互遮盖，有利于充分接受阳光。

叶序主要有三种基本类型：互生、对生、轮生。在茎上每一节只生一片叶的叫作互生叶序。互生叶序的叶子呈螺旋状排列在茎上，如蚕豆、桃等。茎的每一节上有两片叶相互对生的，叫作对生叶序，如丁香、薄荷等。在对生叶序中，上一节的对生叶常与下一节的叶交叉呈垂直方向，这样两节的叶片避免互相遮蔽。

茎的每一节上若着生三片或以上的叶，呈辐射状排列，叫作轮生叶序，如夹竹桃、金鱼藻等。叶序在描述植物种类的性状和鉴别物种上有重要意义，也是分类的依据之一。

互生叶序

自己动手!

叶片拼贴图

你可以收集路边的落叶，尽量多找一些形状不同的叶片。先用叶片在白纸上摆出你喜欢的图案，再用胶水或胶带将叶片粘牢。粘好之后可用较重的书或水杯压在上面，使叶片保持平整。最后，你可以用画笔装饰画面上的空白之处。尽情发挥你的想象力，制作一幅独一无二的叶片拼贴画吧!

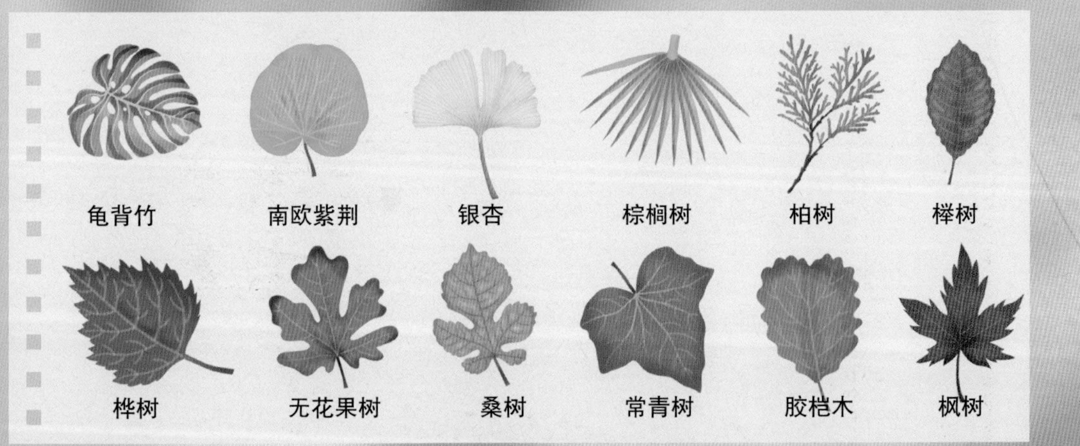

森林

森林是指以木本植物（乔木、灌木）为主体的生物群落，约占陆地面积的30%，分布在寒带、温带、亚热带、热带的山区、丘陵、平地及沼泽、海滩等地方。森林按其在陆地上的分布，可分为针叶林、针叶与落叶阔叶混交林、落叶阔叶林、常绿阔叶林、热带雨林、热带季雨林、红树林、珊瑚岛常绿林、稀树草原和灌木林。

现代森林演化图

时 间	阶 段	植物类别
晚古生代石炭纪和二叠纪	蕨类古裸子植物	蕨类植物的乔木、灌木和草本植物，是造煤植物
中生代晚三叠纪、侏罗纪和白垩纪	裸子植物	苏铁、银杏和松柏类
中生代晚白垩纪及新生代第三纪	被子植物	被子植物的乔木、灌木、草本植物

针叶林有哪些树木?

针叶林也被称为“泰加林”，主要分布在北欧、俄罗斯西伯利亚地区和加拿大等地。生长的树木主要是冷杉、松树、云杉及一些耐寒的树种，四季常青；动物主要有灰狼、西伯利亚虎、欧亚红松鼠、驼鹿、北极野兔等。

落叶阔叶林有哪些树木?

落叶阔叶林主要分布在中国、美国和欧洲等温带地区，又称温带森林。生长的大部分是落叶树木，主要有橡树、山毛榉、栗树、白桦树等，它们的叶子都是薄薄的扁平状，比针叶树的树叶要宽阔得多。秋天，整个森林会变成黄色和红色，非常美丽。

柳树

我是婀娜多姿的柳树，又叫杨柳，是著名的绿化天使。《诗经》中“昔我往矣，杨柳依依”指的就是我。我属于广生态幅植物，对环境的适应性很强，喜光、喜湿、耐寒，是中生偏湿树种。我非常容易存活，只要条件适宜，折根柳枝插在土壤中就能生长。我具有很高的经济价值和园林价值，对人类非常重要。

植物小名片

木兰纲—金虎尾目—杨柳科

分布范围：北半球温带

种类：落叶乔木或灌木

用途：家具、造纸、美化环境

柳树都生活在哪些地方?

柳树：无论高山、平原、沙丘、极地都能够看见我们的身影。最密集的居住地是北半球温带地区。

在中国华北、东北、西北地区生活着我们旱柳家族，大江南北生活的是我们垂柳家族。我们还被引种到亚洲、欧洲、美洲许多国家。比如，朝鲜垂柳、圆头柳、长柱柳、白皮柳、大白柳、细柱柳、杞柳等，它们大都是原产于中国东北，朝鲜、日本及俄罗斯远东地区。

爆竹柳是我们的欧洲亲戚，现在已经被引进到中国东北。白柳原来生活在中国新疆、甘肃、青海及西藏等地，目前已经扩散到伊朗、巴基斯坦、印度北部、阿富汗、俄罗斯和欧洲的一些国家。

哇，想不到柳树分布这么广，你们真是“世界公民”！

为什么柳树容易成活?

柳树：这主要是因为在我们柳枝的形成层和髓芒之间有很多具有很强分裂能力的细胞群，这些细胞能够迅速分裂繁殖，形成根的原始体。当柳枝被插到土壤里时，遇到合适的温度、湿度和遮光条件，根的原始体就会逐渐发育，形成新根。

原来如此!

柳树早在4000多年前就在我国栽培了，当时古蜀鱼凫王封树定界，在鱼凫故都（今属四川省成都市温江区）土地上广泛种植，由于柳树易成活，易识别，好看且独具风格，所以被作为鱼凫古城的疆界。

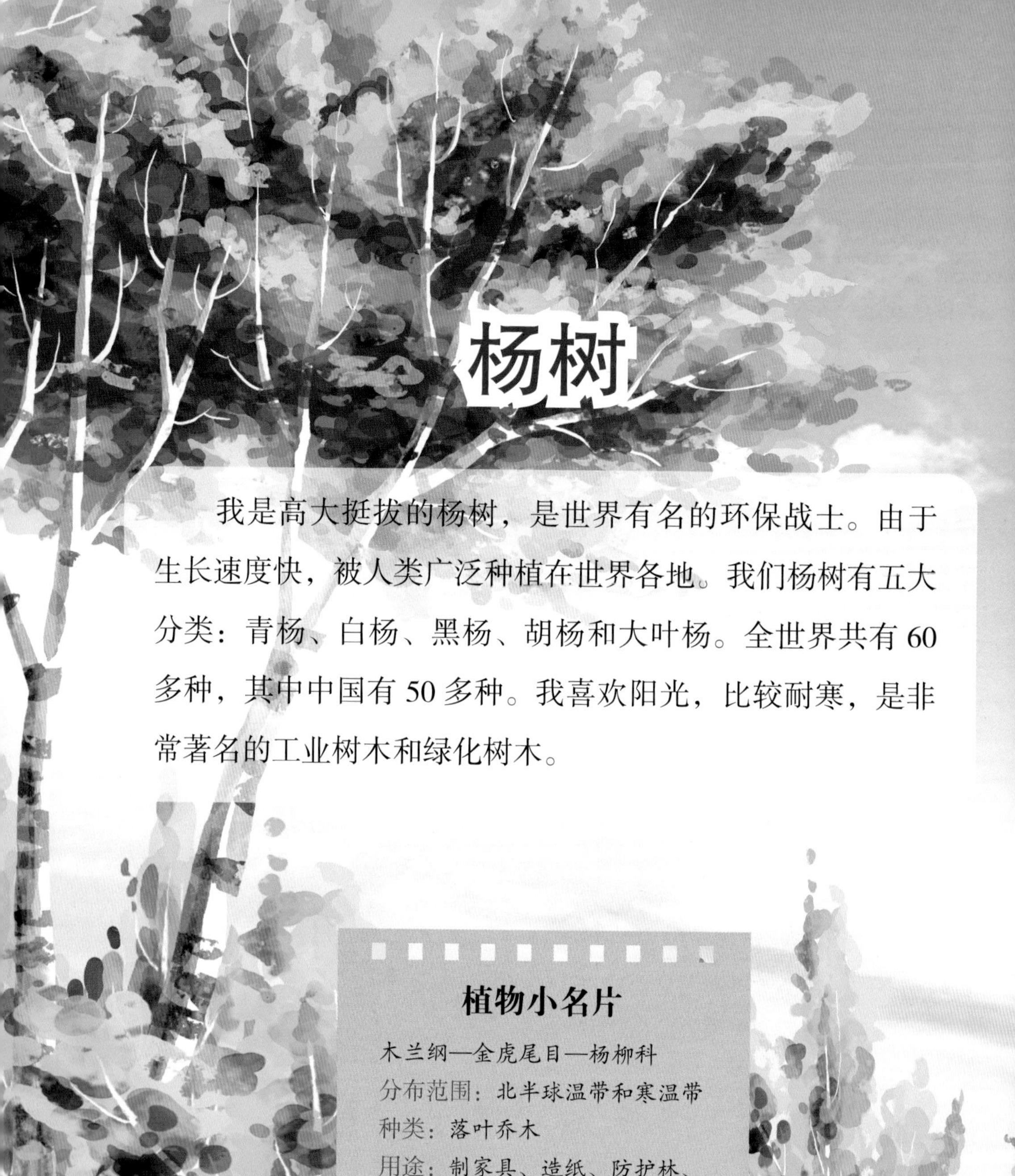

杨树

我是高大挺拔的杨树，是世界有名的环保战士。由于生长速度快，被人类广泛种植在世界各地。我们杨树有五大分类：青杨、白杨、黑杨、胡杨和大叶杨。全世界共有 60 多种，其中中国有 50 多种。我喜欢阳光，比较耐寒，是非常著名的工业树木和绿化树木。

植物小名片

木兰纲—金虎尾目—杨柳科
分布范围：北半球温带和寒温带
种类：落叶乔木
用途：制家具、造纸、防护林、道路绿化、园林景观

杨树一年四季是怎样生长的?

杨树：春季，我们的枝干上会长出新的幼苗和叶子，这代表我们已经结束了漫长的休眠期，生命力渐渐旺盛。这时要及时给我们施肥、浇水。

夏季，我们的细胞分化较快，主干上的侧枝生长较多，此时我们变得挺拔笔直，叶片茂密翠绿，像一排排威武的战士。由于这一时期生长旺盛，我们的枝干会过密、过长，需要人类帮我们修剪，并且每隔半个月还需要补充一次氮磷肥的营养套餐。

秋季，我们的枝头挂满果实，像一串串深褐色的豆子，我们的叶子也渐渐变黄。冬季，我们的叶片枯萎、掉落，进入休眠期，慢慢停止生长。

秋天温度降低，杨树需要补充磷钾复合肥和磷酸二氢钾溶液套餐。

杨树是怎样繁殖的?

杨树：我们通常每年春季 4—5 月份开花，开的花是毛茸茸的絮状物，只有苞片，没有花冠、花萼，也没有蜜腺，不能分泌花蜜引诱昆虫传播花粉，需要借助风力来传播花粉。

我们的花开败后，树上会结出一串串非常小的果实。当果实成熟后，干燥裂成两瓣，种子就会蹦出来。我们的种子基部长有一簇丝状长毛，一朵朵白色的茸毛像雪花一样随风飞舞，落到适合生长的地方便会生根发芽。我们就是这样一代代繁衍的。

你知道吗?

在我国西北的塔克拉玛干沙漠周围，生长着很多美丽的胡杨，它们是当地特有的珍贵森林资源，不仅耐寒、耐旱、耐盐碱，还能防风固沙，创造绿洲，形成肥沃的土壤。胡杨具有顽强的生命力，可以牢牢地锁住流动性沙丘的扩张。所以，人们称胡杨为“沙漠守护神”。

红树

小朋友，你看过大海吗？如果看过，那一定会注意到海岸边生长着大片美丽的绿色植物，它们像坚强的战士一般，在狂风骇浪中岿然屹立，怎么都吹不倒。这种美丽的绿色植物就是我们红树。我们是守护海岸的坚强卫士，也是维护海岸生态环境的环保卫士，还是淡化海水的纯天然超级淡化器。我们有很多神奇的本领呢，想了解我们吗？赶快接着往下看吧！

植物小名片

木兰纲—金虎尾目—红树科

分布范围：中国东南沿海、东南亚热带、澳大利亚等地

种类：高大乔木

用途：可做工具把柄、车轴，营造海岸（泥岸）防护林

红树真的会生“小孩”吗？

红树：这只是一个比喻的说法。我们的繁殖方式确实有些特别，因为我们生活在海水中，海水经常潮起潮落，很容易把我们的种子冲走；而且海滩的盐度很高，极度缺氧，非常不适合种子萌芽，于是我们想了一个办法：开花结果后，我们的“孩子”（果实）并不落地，而是留在母树上，就像人类母亲肚里的婴儿一样继续吸收母树的营养，直到萌发成幼苗。

当幼苗完全成形，就会纷纷离开母树，像蒲公英一样纷纷跳落到海滩上。有的幼苗会直接插在母树周围的软泥中，这种情况下，几个小时就会长出侧根。有的会被海水冲到别的地方，幼苗就会在那里生根，生长发育。

红树幼苗胚轴表皮中含有单宁酸，不易腐坏，在海水中漂流几个月都不会烂。

红树的叶子和树干都是绿色的，为什么叫红树呢？

红树：因为我们的树干含有单宁酸，如果用刀砍开树皮，里面的单宁酸被氧化，就会显出红色。另外，我们的树皮可以制造棕红色的燃料，所以被人类叫作红树。

好神奇！

红树在海水中居然不会被泡成咸菜。这是什么原因呢？原来，红树的叶子上分布着很多盐腺，可以把高盐度的海水过滤成淡水，然后通过新陈代谢，把盐分从体内排出来。

松树

我是号称“百木之长”的松树，树木界傲骨峥嵘的名士。我有很多响亮的名号：“十八公”“千岁材”“万年松”等。“岁寒三友”中我排名第一。我几乎可以在任何地方生长，在高山绝壁上，我也可以把根扎入坚固的岩石缝隙中。我的叶子跟别的树木的叶子不一样，它像针一样尖锐，既耐干旱，也耐严寒。冬天我的叶子也不会落，所以我可以一年四季生长。

植物小名片

裸子植物门—松科—松属
分布范围：北半球山地、原野、森林
种类：常绿乔木
用途：建筑、制家具、制药、园林绿化

松树为什么不怕冷?

松树：我们的叶子很特别，像针一样，叶子的表皮细胞不仅壁厚，而且有一层厚厚的蜡质层，夏天能够忍耐干旱，冬天就像穿了一件厚厚的棉袄，使树叶不会因寒冷干燥而变得枯黄。

另外，我们叶子上的叶肉组织细胞壁向内形成凸起，叶绿体沿着表面分布，这样就增大了叶绿体的分布面积，也扩大了光合作用的面积。所以，即使到寒冷的冬天，我们也依然绿意盎然。

松树可以耐受零下60℃的低温和50℃的高温。

常见的松树有哪些?

松树：我们松树的品种非常很多，常见的有罗汉松、雪松、华山松、高山松等。这些松树树姿优美，有着极高的观赏价值，多被种植在庭院中进行观赏。

罗汉松树皮多为灰褐色或褐色，上面带有较浅的纵裂痕。一般在每年的4—5月份开花，8—9月份种子成熟。雪松是常见的园林观赏树种，有着尖塔形状的树冠，其大枝呈现平展的姿势，小枝则略微下垂，叶子是披针形的银灰色或者灰绿色，10—11月份会开花。

真奇妙!

松树有时会出“汗”，这种“汗”是流出来的松脂。松树的根、茎、叶里含有少量松脂，一旦受伤，松脂就流出来把伤口封住，同时杀死空气中的病菌，保护自己不受伤害。

冷杉

我是最受小朋友喜爱的冷杉。因为我可以用来做圣诞树，所以每年圣诞节，人们都会把我打扮得漂漂亮亮，还在我身上挂满各种礼物。我一年四季都不会落叶，长得非常高，通常高达 40 米，而最新发现的中国最高的树就是我们冷杉，高度超过 80 米。我的皮肤通常是白灰色，叶子像弯曲的火柴棒，果实又粗又大，像超大的棉花糖。我身上最珍贵的是树脂，著名的加拿大香脂就是用我们冷杉的树脂制成的。

人们为什么选择冷杉作为圣诞树?

冷杉：这跟我们冷杉的特性有关系。我们喜欢生活在阴凉寒冷的高山上，常常与同样喜冷湿的云杉、落叶松、铁杉和某些松树及阔叶树为伴。

由于我们的身姿挺拔优美，而且身上有清凉好闻的香气，加上木质坚硬，即使把我们砍断，我们的叶子也不会轻易凋落，而且天气越冷，我们的叶子越碧绿如洗。这样的特点很受人类喜爱，所以人类就把我们当作了圣诞树种。

6500 万年前，小行星与地球相撞，导致大量植物枯死，冷杉却顽强地活了下来。

冷杉是生命之树吗?

冷杉：有些国家把我们当成了“生命之树”，比如罗马尼亚。

罗马尼亚人常常用我们的木材来雕刻墓碑。他们认为我们是有魔力的树木，所以他们新生宝宝的摇篮也用我们的木料来制作。有些罗马尼亚地区，家家户户房屋外墙上都会挂着用我们的木材雕刻成的装饰品。

在罗马尼亚的森林里生长着很多我们的同胞，人们非常珍惜我们，不会随便砍伐。

你知道吗？

冷杉中有一种非常珍贵的树种——百山祖冷杉，它是中国特有的古老残遗植物，对研究植物区系和气候变迁等方面有非常重要的科学价值。由于特别稀少，在 2010 年被列入《世界自然保护联盟濒危物种红色名录》。

柏树

我是珍贵的柏树，又叫侧柏、香柏，在中国是正气、高尚、长寿、不朽的象征。很多皇家坛庙、皇家园林、帝王陵寝，以及古寺名刹等处，都能看到我苍老遒劲、巍峨挺拔的身姿。我四季常青，树冠浓密秀丽，材质细密，适应性强，能在微碱性或石灰岩山地上生长，是荒山绿化、疏林改造的先锋树种。我的寿命非常长，可活千年以上。

植物小名片

裸子植物门—柏科—柏木属

分布范围：中国、欧洲

种类：常绿乔木

用途：荒山绿化、疏林改造、制作高档家具、制药等

为什么墓地常栽柏树?

柏树：这是人类的一种文化传统。相传中国古代有一种恶兽，名叫魍魉（wǎng liǎng），喜欢偷吃墓穴里的尸体，每到夜晚，就出来挖掘坟墓偷吃尸体。魍魉行动灵活，神出鬼没，令人防不胜防，但它有个弱点，就是害怕老虎和我们柏树，所以古人为了驱除这种恶兽，常在墓地立石虎、植柏树。

人类对古树、大树非常崇拜，尤其是我们柏树。上古时候，我们柏树被尊为“柏王”，人们认为树上有神灵居住。

古罗马人喜欢用柏木制成棺材。古希腊人习惯将柏枝放入死者的灵柩中，他们希望死者到另一个世界能得到安宁和幸福。

好多公园里都种植柏树，一年四季都不落叶，而且香气非常提神。

柏树可以治病吗?

柏树：我们全身都可以入药。在中药中，柏是一种药物的名称。主治发热烦躁、小儿高烧、吐血。

我们的根和树干可以祛风清热，止血生肌；叶可用于治疗外伤出血、吐血、痢疾、痔疮、烫伤；果实可用于治疗感冒、头痛、发热烦躁、吐血；树脂可用于治疗风热头痛、带下病，外用可治疗外伤出血。

你知道吗？

陕西黄帝陵有8万余株古柏树，占地面积达160公顷，其中轩辕庙门内西侧一棵侧柏树高19米，树围8米，平均冠幅18米，相传为轩辕黄帝亲手所植，距今已达5000年之久，被认定是最古老、最粗壮的柏树。

银杏

我是美丽的银杏，被称为“植物界活化石”。我的祖先在第四纪冰川时期遭到灭顶之灾，只有生活在中国的一部分银杏侥幸活了下来。因此，我们对人类研究裸子植物和第四纪冰川气候具有重要价值。我的叶子非常美丽，像一把把展开的小扇子，特别是秋天，我的叶子变黄后更加美丽。

植物小名片

裸子植物门—银杏科—银杏属

分布范围：中国

种类：落叶乔木

用途：建筑、家具、室内装饰、制药、园林绿化和科学研究

为什么银杏的果实闻起来臭臭的？

银杏：其实我的果实散发的不是臭味，而是一种挥发性脂肪酸。因为我是裸子植物，结的果实没有果皮，果肉直接裸露在外面。这就导致我的气味毫无阻拦地飘散在空气中。

另外，我的外种皮含有多种挥发性物质，主要是乙酸和己酸两种低级脂肪酸，这就是我们的果实成熟时散发出臭臭的气味的原因。臭味表明我们的果实已经成熟了，就像橘子成熟时散发的香甜气味一样。

银杏果含有丰富的淀粉、蛋白质和脂肪，许多小动物都喜欢吃。

吃银杏果有什么好处？

银杏：我们的果实具有益肺气、治咳喘、止带浊、缩小便、通血、护肝、润肤、抗衰老等功效。含有多种营养元素，除蛋白质、脂肪、糖类之外，还含有维生素C、维生素B_2、胡萝卜素、钙、磷、铁、钾、镁等微量元素，以及银杏酸、白果酚、多糖等成分；可以改善大脑功能、延缓老年人大脑衰老、增强记忆能力、治疗老年痴呆症和脑供血不足等功效。

不过要注意，我们的果实中含有小毒物质，所以，在食用时要煮熟，且不可多食。

警告

因为银杏果有小毒，所以银杏果不宜生吃，5岁以下的儿童也不宜吃，成人最好控制在10克以内。

铁树

我是很难开花的铁树，一般长到 10 年以上才会开花，是不是觉得很稀奇？还有更稀奇的呢，如果环境不合适，我永远都不会开花。比如，在寒冷的北方，我就不会开花。但是在温暖湿润的热带，我长到开花的树龄，就会年年开花。现在，你明白“铁树开花”的含义了吧！

植物小名片

裸子植物门—苏铁科—苏铁属
分布范围：东亚和东南亚
种类：常绿乔木
用途：可入药，可用作观赏树种

铁树开什么颜色的花?

铁树：我们铁树是单性花，雌雄异株，没有花枝，花朵开在茎的顶端。雄花呈圆柱状，像一个大大的菠萝果或大玉米棒子，初开时呈黄色，开一段时间后就会变成褐色。雌花呈扁球状，像个小绒球，初开时为灰绿色，有淡黄色的绒毛，开一段时间后也会变成褐色。

我们的花和种子同时形成，种子为金黄色，像李子大小，呈卵矩圆形，富含淀粉，略微有毒，去毒后可以食用。种子也可以药用，有治疗痢疾、止咳、止血的功效。

铁树一般只在南方热带和亚热带地区开花，在长江以北地区不会开花。

铁树开花非常吉祥吗?

铁树：我们是地球上非常古老的植物，最早出现在 2.8 亿年前的恐龙时代。第四纪冰川时代来临时，我们铁树大量灭绝。只有生存在中国南方的铁树幸免于难，因为有青藏高原、秦岭等阻隔，冷空气无法南下。

目前生活在地球上的铁树都是当时幸存者的子孙后代，由于数量稀少，非常珍贵，被誉为“植物界的大熊猫”。

由于我们有古老的历史，又比较长寿（可以活几百年），还能治病，所以人们看见我们开花，就觉得吉祥，认为是美好和幸福的象征。

原来如此！

你知道铁树的名字是怎么来的吗？原来铁树在生长过程中需要大量的铁元素，当其濒临枯竭时，若施以铁粉，或将铁钉钉入其茎内，便能使其重新焕发生机，所以被叫作“苏铁”，俗称“铁树”。

桦树

我是美丽的桦树，主要生长在北温带，少数种类生活在寒带。我喜欢阳光，为了追逐光明，我一直拼命生长。你可能不知道我长得有多快，我 1 年可以长 1 米多高，大约 15 年就能长成参天大树。这时候，我开始结出坚硬的小果实，小果实外面还长着细小的毛翅，这有利于种子传播。我的树皮里面含有营养丰富的乳汁，可以制作饮料。

植物小名片

木兰纲—壳斗目—桦木科

分布范围：北温带及寒带

种类：落叶乔木或灌木

用途：可做胶合板，可提取桦皮焦油，可编制日用器具，可提制饮料，可用来绿化园林

桦树汁营养丰富吗?

桦树：我们的树汁既好喝又营养丰富，富含20多种人体所需的氨基酸及各种矿物质，特别是钙、镁、钾、钠、磷、锗、硒等微量元素含量较高，被称为“血液的清道夫”，是人类健康的“保护神”。

此外，我们的树汁还含有维生素 B_1、维生素 B_2 和维生素C，以及多糖和还原糖，具有抗疲劳、抗衰老的保健作用和止咳等药理作用，被欧洲人称为“天然啤酒”“森林饮料”。

桦树皮有哪些用处?

桦树：我们的用处可多了。我们的树皮再生能力强、产量大、质地柔韧、防水性好、防腐耐潮。早在远古时代，就被人类用来制作成桦树皮容器。

除了做容器，我们的树皮还可以用来盖房子和造船。人类历史书《北史》中记载了钵室韦人以桦树皮为屋的习俗。赫哲人用我们的树皮制造可乘三人的小船，非常轻便快捷。

自己动手!

想喝纯天然的桦树汁吗?你可以在每年春末夏初，在桦树干上砍一个小斜口，这样清澈透明的桦树汁便会汩汩而出，然后顺着砍的斜口插上一根小草棍，另一端绑上杯子，桦树汁就会顺着小草棍流进杯子里了。

白桦树

我是挺拔玉立的白桦树，是爱情与忠贞的象征。在我美丽的白色皮肤上有很多黑色的横纹，就像一双双黑色的眼睛凝视着远方。在俄罗斯，我被尊为国树，是俄罗斯民族精神的象征。在中国东北，早在4000年前，人类就开始大规模使用我们的树皮制作器物，小到盛食物的器皿、狩猎工具，大到船只，人类学者将这种特殊的文化称为“桦树皮文化”。直到今天，生活在中国东北地区的赫哲族人还在使用桦树皮器皿。

植物小名片

木兰纲—壳斗目—桦木科

分布范围：俄罗斯远东和东亚

种类：落叶乔木

用途：建筑，制作器具，提取栲胶，制人造纤维，入药

白桦树的皮肤为什么是白色的？

白桦树：我的皮肤比较特别。树的皮肤都大多是褐色的，因为树皮的外层由三部分组成，外面一层叫木栓层，中间一层叫木栓形成层，最里面一层叫栓内层。木栓层的细胞都是死细胞，所以通常呈褐色。

但是我们的木栓层外面还含有少量的木栓质组织，木栓质的细胞中含有白色的白桦脂和软木脂，由于这些脂位于周皮的最外层，所以我们的树皮便成了白色。

白桦树皮可以入药，有清热利湿、祛痰止咳等功效。

白桦树身上有很多眼睛吗？

白桦树：我身上并没有眼睛，那些看起来像眼睛一样的横纹是我的呼吸气孔。通过这些气孔，我可以畅快地呼吸，如果没有这些气孔，我的呼吸就会变得非常困难。

另外，我的呼吸气孔还是人类辨别方向的向导。由于光照时间的不同，我们的呼吸气孔分布也不均匀，气孔较少的一面通常是南方，而气孔较多的一面是北方。如果人类在野外迷了路，可以通过观察我们身上的气孔多少来辨别方向。这一点一定要记得哦！

真奇妙！

白桦树皮可以用来书写和绘画。据历史记载，南宋使臣洪皓出使金国被扣押，最后被流放到冷山（今黑龙江省五常市冲河乡），在教授女真族弟子时，因缺少纸张，便就地取材，剥取白桦树皮来抄写“四书”，传授儒家学说。

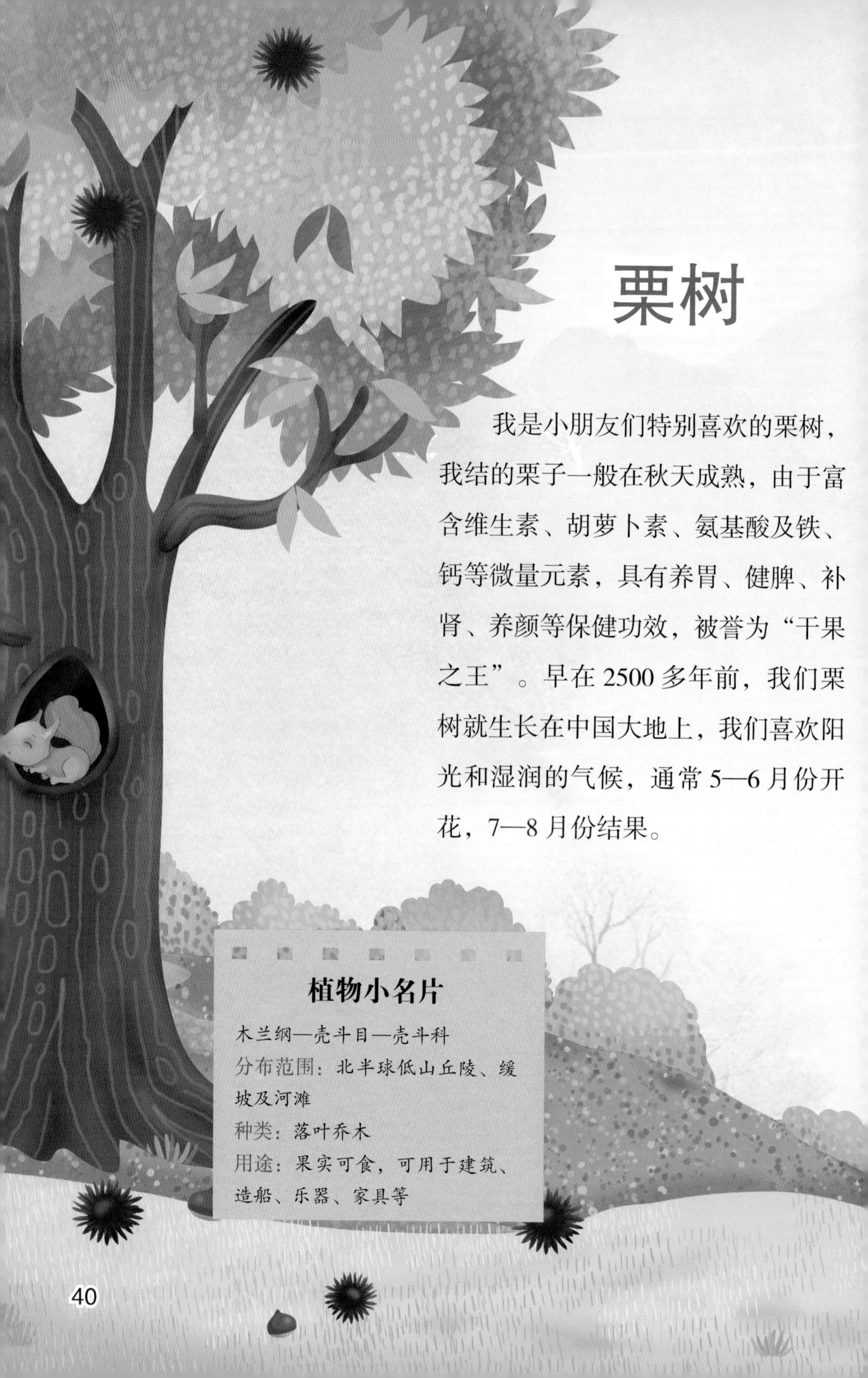

栗树

我是小朋友们特别喜欢的栗树，我结的栗子一般在秋天成熟，由于富含维生素、胡萝卜素、氨基酸及铁、钙等微量元素，具有养胃、健脾、补肾、养颜等保健功效，被誉为“干果之王”。早在2500多年前，我们栗树就生长在中国大地上，我们喜欢阳光和湿润的气候，通常5—6月份开花，7—8月份结果。

植物小名片

木兰纲—壳斗目—壳斗科

分布范围：北半球低山丘陵、缓坡及河滩

种类：落叶乔木

用途：果实可食，可用于建筑、造船、乐器、家具等

栗子加糖炒真的更香甜吗?

栗树：加糖炒并不会让栗子更加香甜，因为糖无法渗透进厚厚的栗子壳中。之所以炒栗子要加糖，是因为糖砂在高温下会融化，变得黏稠，可以粘栗子上的茸毛和一些杂质，同时让栗子外壳的色泽更加光亮，受热更加均匀，还能产生一股诱人的焦香味。

另外，加糖炒不需要提前用刀划口子，靠着石英砂的热气就能把栗子内的水分蒸熟，从而炒出“似面还脆”的最佳口感，若是开口炒，很容易炒成栗子干。

提醒一下，消化不良和糖尿病患者不宜吃栗子。

栗子对身体有哪些好处?

栗树：我们的果实含有丰富的矿物质和维生素，可以预防骨质疏松、筋骨疼痛及腰腿酸软，是老年人非常理想的保健品。

我们的果实还含有丰富的不饱和脂肪酸，能够防治冠心病、高血压、动脉硬化，还能抗衰老、延年益寿。

另外，我们的果实还含有丰富的碳水化合物和丰富的矿物质，如钾、

磷、镁，能够促进人体的脂肪代谢，使人体得到更全面的营养，还能厚补胃肠，益气健脾，强筋健骨。

要注意!

刚出锅的栗子不能急着吃，要冷却 3 ~ 5 分钟后再吃。因为栗子是用石英砂高温炒熟的。在这种高温下，栗子中的水分会转化为水蒸气，使栗壳内外的压力产生差异。如果栗子内的热气没有散掉，突然去咬，受到挤压的栗子就会炸开，从而烫伤自己。

橡树

我是高大美丽的橡树，我结的橡果非常可爱，它们戴着漂亮的长绒帽，悬挂在枝头，像一个个小铃铛一样随风摆动。很多可爱的小动物都喜欢吃橡果。我们橡树家族有600多种，主要生活在北半球，寿命很长，可以活好几百年。我的叶子呈椭圆形，果实中含有丰富的淀粉。在欧洲及北美洲，我们被视为神秘之树，有“森林之王”的美称。

植物小名片

木兰纲—壳斗目—壳斗科

分布范围：北半球丘陵、山地

种类：落叶或常绿乔木

用途：果实做发动机缸垫和葡萄酒瓶塞，观赏和园林绿化

为什么橡树在西方被视为神树?

橡树：在西方有这样一个传说，在宙斯神殿所在的山地森林里，矗立着一棵具有神力的参天橡树，由希腊主神宙斯、爱神厄洛斯及灶神赫斯提亚掌管。它的叶子发出的沙沙声就是主神宙斯对希腊人的晓喻。

许多欧洲国家的人们都将我们视为圣树，认为我们具有魔力，是长寿、强壮和骄傲的象征。由于我们橡树材质坚硬，树冠宽大，被称为“森林之王”。我们结的果实也被称为“圣果”。

古罗马时期，人们结婚用橡树枝来作装饰，认为这样可以多子多孙。

很多动物都喜欢吃橡果，为什么人类不喜欢?

橡树：因为我们的果实处理起来很麻烦，通常需要磨成粉或做成豆腐食用，人类有很多可替代橡果的食物，因此就渐渐不喜欢吃了。其实在远古时期，我们的果实是人类最主要的食物来源之一。因为它含有高达60%的淀粉。

在动物界，我们的果实非常受欢迎。绿头鸭、林鸳鸯、针尾鸭和其他水禽都特别喜欢吃。另外，山鸡、松鸡、松鼠、金花鼠、野猪和山地野绵羊也喜欢吃橡果。大的野兽，像黑熊，也特别爱吃橡果。

你知道吗?

一棵橡树一生能产生大约1000万个橡果。每个橡果只包含一个种子，种子像花生仁，被包裹在坚硬外壳中，是许多鸟禽（如啄木鸟、鸽子、鸭子）的主要食物来源。

山毛榉

如果你在秋天看到一棵胖胖的红云一样的树，记得一定要拍照合影。因为这是非常值得留念的一刻。我们山毛榉树的美全在秋天，作为最具观赏性的落叶乔木之一，秋天我们把自己染成了一团火焰。在欧洲，我们被称为最高的树篱，因为我们可以长到30米高。

怪不得妈妈说我家的地板是榉木的，爸爸说不对，说是山毛榉木的。妈妈还跟爸爸因此事争吵起来。

植物小名片

木兰纲—壳斗目—壳斗科
分布范围：北半球温带和亚热带
种类：落叶乔木
用途：可做乐器、高档家具、地板、文具、农具、玩具

山毛榉是榉树吗？

山毛榉：我们不是榉树，和榉树是截然不同的两个树种。我们属于壳斗科，而榉树属于榆科。

从地理位置上看，我们原产于欧洲和北美洲部分地区，而榉树原产于中国。从外观上看，我们的木材呈浅至中棕色，带有粉红色或微红色调，而榉树呈黄棕色至浅棕色。从质地上看，我们的木材质地细腻、均匀，而榉木质地粗糙、不均匀。

从纹理图案上看，我们的木材具有直而均匀的纹理，而榉树木材具有互锁纹理图案。从硬度上看，我们的硬度和耐用程度不如榉木。从用途上看，我们的木材常用于家具、地板和橱柜，而榉木常用于家具、装饰贴面和工具手柄。

《权力的游戏》里面的“黑暗树篱”现实中有吗？

山毛榉：现实中确实有这样的树篱。在爱尔兰阿尔斯特省安特里姆郡有一条“山毛榉树大道”，它是爱尔兰最受欢迎的地方之一。

这条“山毛榉树大道”形成于18世纪，由大不列颠王国的缔造者、在欧洲叱咤风云几百年的斯图亚特家族营造，它原本是通往斯图尔特家族所拥有的格雷希尔庄园的通道。

想不到吧！

山毛榉也有假冒的，在南半球约有40种外形跟山毛榉非常相似的树木，被称为假山毛榉。它们主要生长在南半球气候凉爽的地区，种类有穆尔氏假山毛榉和红山毛榉。

桂树

我是美丽的桂树，又叫木樨，我的叶子是长长的椭圆形，花是白色、淡黄色和黄色。我通常在9—10月份开花。在中国传统文化中，我还和科举考试大有关系呢！“蟾宫折桂”这个成语典故指的就是古代科举中状元。

植物小名片

木兰纲—樟目—樟科
分布范围：中国各地
种类：常绿乔木或灌木
用途：可做香料、食品，可入药，可用于园林绿化、家庭盆栽

为什么桂树又叫木樨？

桂树：木樨是我的古称，之所以叫这个名字，是因为我们的木质纹理像犀牛角一般。中国古代有个诗人叫范成大，他认为一般树木的内心只有一条纵向纹理，而我们桂树却有两条纹理，形似古时祭祀所用的玉器圭，所以就把我们叫作木樨。

在中国传统文化里，我们桂树可是大名鼎鼎，既有嫦娥奔月、吴刚伐桂的神话故事，又有“蟾宫折桂”的励志故事，而且中国古代诗人特别喜欢我们桂树，据不完全统计，在《全唐诗》中我们就出现了约 1500 次，其中涉及了 1300 多首诗歌。

哇！这么多。这让我不由得想起了王维的诗：“人闲桂花落，夜静春山空。”

桂树都有哪些种类，各有什么不同？

桂树：我们桂树主要分为四种：金桂、银桂、丹桂、四季桂。

金桂、银桂、丹桂一年只开一次花，四季桂一般一年开 2 ~ 3 次花。金桂花朵金黄，气味香浓，闻起来像初开的桃花和苹果花，叶片较厚。银桂花朵颜色较白，稍带微黄，气味仅次于金桂，但花朵比金桂大，叶片较薄。

丹桂花朵颜色橙黄，气味较淡，叶片厚，色深。四季桂花朵黄白色或淡黄色，香气较淡，叶片薄，植株矮小，长得像灌木。

你知道吗？

湖北省咸宁市被誉为“桂花城”，是我国桂花的五大产地之一，也是中国最适合种植桂花的地域之一。根据统计，咸宁全市就有 6 个县市区 45 个乡镇栽培桂花，总面积达到 3 万多亩，种植面积全国第一。

枫树

我是优美潇洒的枫树，是世界著名的观叶植物。我的皮肤呈灰褐色，叶子春夏是绿色，秋天是红色，开的花是绿色或黄绿色。我最美丽的季节是秋天，这时我的叶子一片火红，给美丽的秋天增添了别样的风采。我的生存能力非常强，耐寒、耐旱、耐贫瘠，非常容易栽培，我们枫树家族遍布亚洲、欧洲、北美洲和非洲北部。

植物小名片

木兰纲—无患子目—槭树科

分布范围：北温带、热带及部分高寒山区

种类：落叶乔木或灌木

用途：建筑，制乐器、枫糖入药，观赏

为什么枫树的叶子秋天会变红?

枫树：这是因为我的叶子中除了含有大量的叶绿素、叶黄素、类胡萝卜素外，还含有大量的花青素。

夏天，由于阳光充足，温度很高，叶绿素生产旺盛，叶子中的叶黄素、花青素、类胡萝卜素等被遮盖。到了秋天，由于天气变凉，阳光不足，叶绿素的生产逐渐减少，这时，其他颜色的维生素就会显现出来。由于叶黄素和类胡萝卜素是黄色，花青素是红色，所以我的叶子便变成了黄色和红色。天气越冷，我产生的花青素就越多，最后我的叶子也就全变红了。

枫树该怎么种植?

枫树：欢迎种植我们，这样以后你们不出家门就能欣赏到我们美丽的风姿了。

首先，你们需要注意养殖的环境。我们喜欢阴凉的环境，怕强烈阳光直射，所以要把幼苗放在隐蔽的地方。冬天，在北方需要将我们移入室内；在南方，只需要把我们埋入背风向阳的土壤中，即可安全越冬。

春天和夏天要经常浇水。冬天，我们进入休眠期，不需要浇很多水，只要保持盆土湿润即可。另外，还要注意施肥防治病虫害。我们枫树主要有白粉病、刺蛾、蚜虫等病虫害。

我国有四大著名的赏枫胜地：北京香山公园、南京栖霞山、苏州天平山、长沙岳麓山。

长知识了!

国外著名的赏枫胜地有日本大阪、京都、奈良等地，加拿大的枫叶胜地集中在东部，最有名的是枫叶大道。加拿大号称“枫叶之国”，每年都要举办盛大的枫树节，连国旗上都带着枫叶。

悬铃木

植物小名片

木兰纲—山龙眼目—悬铃木科
分布范围：原产于欧洲东南部至西亚，世界各地均有引种
种类：落叶乔木
用途：城市绿化，饲料、肥料

我是婆娑多姿的悬铃木，又叫作法国梧桐。我的绿化本领超强，可以吸收空气中的有害物质，还能对抗雾霾，因此被称为“绿化小能手”“行道树之王”。我长得非常高大，最高可达30米，身材挺拔，枝叶茂密，夏天能撑起很大一片树荫。我的叶片很宽大，上面有丰富的茸毛，是良好的灰尘颗粒收集器。

悬铃木为什么叫法国梧桐？

悬铃木：我们之所以被称为法国梧桐，是因为我们未长成之前和中国梧桐树外观、颜色、叶片形状很像。

其实我们更应该叫作英国梧桐，19 世纪，我们作为园林绿化植物在英国伦敦开始流行，因此在英语中被称为“伦敦悬铃木”，也叫作英国梧桐。此后我们被引进法国和欧洲大陆。

1902 年，法国人开始在上海霞飞路（今淮海中路一带）上种植我们。上海人看到是法国人种的，树叶形状与梧桐相似，就称之为“法国梧桐”。

我最喜欢听《悬铃木》这首歌，也喜欢悬铃木秋天的叶子。

悬铃木还分一球、二球、三球悬铃木吗？

悬铃木：是的。这都是我们悬铃木的家族成员。一球悬铃木原产于美国，又叫作美国梧桐。果实通常单个生长，偶尔也有两个一起的。

二球悬铃木是一球悬铃木和三球悬铃木的杂交，是我们悬铃木家族在中国种植最广的品种。果实通常 1 ~ 2 个成串，也有 3 个的，比较少见。

三球悬铃木原产于欧洲东南部和亚洲西部，早在晋代就被引入中国。果实通常为 3 ~ 5 个，成串生长，少数为 2 个。

原来如此！

二球悬铃木和三球悬铃木都叫法国梧桐，这是怎么回事呢？原来，20 世纪初，法国人把二球悬铃木引进上海，当时植物界错误地把二球悬铃木鉴别成了三球悬铃木。1937 年出版的《中国树木分类学》也把二球悬铃木和三球悬铃木搞混了，把二球悬铃木称为法国梧桐，把三球悬铃木称为英国梧桐。后来鉴定的错误虽然被改正，但是名称仍然没有及时改正，于是引起了混乱。

龙血树

我是被称为“活血圣药”的龙血树，早在明代医药圣典《本草纲目》中就记载了我。我主要生活在热带和亚热带，树形高大，树皮灰色，叶簇生于头部，花白绿色，果实橙色，花期在3—5月份，果期在7—8月份。我的名字来源于树液是血红色的。我们龙血树家族非常庞大，既有乔木，也有灌木。

植物小名片

木兰纲—天门冬目—天门冬科

分布范围：热带和亚热带

种类：常绿乔木和灌木

用途：可入药，有园艺观赏价值

龙血兰是龙血树吗?

龙血树：是的，不过它属于灌木龙血树，和我们乔木龙血树有很大差别。

我们从外形上就能区分，龙血兰没有我们高大（龙血兰最高约 4 米，而我们可以长到 6 米高），它的叶子是倒披针形或宽条形，而我们的叶子是剑形。

另外，龙血兰的花是白绿色，而我们的花是黄绿色，有香味。龙血兰的原产地是东南亚，而我们的原产地是非洲热带地区。

龙血树真的能活几千年吗?

龙血树：我们被称为“植物寿星”，又被叫作“植物界的万岁爷”。中国人有一句祝寿的话：“福如东海长流水，寿比南山不老松。”这“不老松”指的不是松树，而是我们龙血树。

在非洲有一棵龙血树，据说活了 8000 多岁，可惜这棵龙血树被大风摧毁了，植物学家正是通过观察它折断的年轮，判断出了它的年龄。在海南三亚南山长寿谷也有一棵龙血树，据说树龄已经达到 6000 多岁了。

我们龙血树既喜光耐阴，又耐旱，只要土壤里有养分，就能生长。不过我们生长比较缓慢，有时候好几年都没有一点儿变化，其实我们把养分都积存了起来。即使一年绝大部分时间都干旱无雨，我们也可以生存。因为我们的外形像个大漏斗，可以收集落在我们身上的每一滴水。

没想到吧！

龙血树的树脂不容易褪色，又无毒无害，所以是天然的染料。提取龙血树的树脂，可以用作染色剂，来染我们日常见到的一些东西。某些做工精良、价格高昂的小提琴，就是使用龙血树的树脂染成的。

瓶子树

我是长得像花瓶一样的瓶子树，又叫纺锤树。我的枝叶非常稀少，树干上头细下面粗，最粗的地方直径可达 5 米。雨季来临时，我的树顶上会生出稀疏的枝条和心脏形的树叶，这时候我看起来就像一个大萝卜。我最神奇的本领是储水，可以储存多达 2 吨水！如果有人渴了，在我身上扎个小洞，就可以享用清凉免费的“自来水”了。

植物小名片

木兰纲—锦葵目—锦葵科
分布范围：南美洲巴西高原
种类：落叶乔木
用途：可供人解渴，可制作农具

瓶子树为什么能储存很多水？

瓶子树：我们主要生长在巴西高原上，那里雨季短、旱季长，为了在这种恶劣的环境下生存，我们进化出"脱衣术"和"储水术"两大生存技能。我们的树干虽然很粗，但木质却非常疏松，这样的木质有利于储水。

每当旱季来临，为了减少水分的蒸发，我们身上所有的叶子会纷纷凋落。一旦雨季来临，我们粗大的身躯和木质如同海绵一样大量吸收并储存水分，待到干旱季节我们再慢慢享用。当我们吸饱了水分，便会长出叶子，开出很大的花朵。

瓶子树为什么被称为"生命之树"？

瓶子树：我们瓶子树是超级绿色储水塔，一棵大瓶子树能储存大约2吨水，如果只用于饮用，可供一家四口使用半年之久。

在干旱缺水的时候，很多人都靠我们储存的水生活。所以巴西人非常喜爱我们，并大量种植，把我们称为"神奇之树""生命之树"。

好神奇！

在墨西哥荒漠地区也有贮水的植物，叫巨柱仙人掌。它呈圆柱形，有20米高，60厘米粗，里面的薄壁组织十分发达，能储存1吨水。常常有许多鸟儿飞到巨柱仙人掌上饮水解渴。

猴面包树

我是生长在非洲大草原上的猴面包树，听到我的名字你一定会觉得奇怪吧！其实我的名字来源于我结的果实——一种又大又圆像面包一样香甜的果实，果实成熟后，猴子就爬上树摘果子吃。我的形状非常古怪，腰又粗又胖，头上枝叶稀疏，远看就像倒着长的树，所以又被称为“大胖子树”。

植物小名片

木兰纲—锦葵目—锦葵科

分布范围：非洲热带草原和森林、马达加斯加岛、澳大利亚等地

种类：落叶乔木

用途：可供人食用，可入药，可造纸、制作渔网等

猴面包果真的可以当面包吃吗?

猴面包树：我们的猴面包果比面包的营养还丰富。它既香甜多汁，又富含氨基酸和胶质，钙含量比菠菜高 0.5 倍，还含有较高的抗氧化成分，其中维生素 C 含量比橙子高 3 倍，所以被称为“超级水果”。

我们的果肉可溶解在牛奶或水中，做饮料饮用，而且果肉里面的种子富含油脂，既可以榨出淡黄色的上等食用油，还可以炒食，也可以与杂粮混合食用。

在非洲历史上曾多次出现大饥荒，猴面包果拯救了成千上万人的生命。所以我们被称为“生命之树”。

到非洲草原旅行，如果你感到饥饿口渴，只要找到猴面包树，就可以痛快吃喝。

为什么猴面包树全身都是宝?

猴面包树：我们不仅果实可以食用，身上其他部分也大有用处。首先，我们的树干可以储存水。别看我们的“腰”非常粗，其实里面非常空，只有一些非常疏松的海绵状木质，这非常利于储存水，所以我们又被称为“荒漠水塔”。

其次，我们的叶子含有丰富的维生素和钙质，既可以当蔬菜吃，也可以做汤或喂马；叶片晒干捣碎后，还可以做调料。另外，我们的果实、叶子、树皮皆可入药，可以消炎、退热、治疟疾。

想不到吧!

猴面包树还可以当房屋居住。当地居民将猴面包树的树干掏空一部分，然后将其当成“住所”。更神奇的是，在猴面包树洞里贮存食物，可以贮存很长时间不腐烂变质。

无花果树

我是美观大方的无花果树，很多人以为我不会开花，其实我不仅会开花，而且一年能开两次花呢！只不过我开的花很小，而且没有花瓣，花被花托紧密包裹着，人们看不见，误以为我们不会开花。我的花期在 4—5 月份，果期在 6—10 月份。我的果实像小球，又软又嫩，成熟时呈紫褐色，通常被制成果干，非常好吃。

植物小名片

木兰纲—蔷薇目—桑科

分布范围：原产地中海沿岸，分布于土耳其至阿富汗，唐代传入中国

种类：落叶小乔木

用途：可食用，可入药，可做庭院绿化

无花果树是怎样开花结果的?

无花果树：我们的花其实藏在果实里面，我们的果实也叫花托。这种花托跟其他花托不一样，其他花托呈喇叭状，把花被、雌蕊、雄蕊抬得高高的，使它们暴露出来，而我们的花托却膨大、下凹成中空的球状，将我们的花紧密包裹起来，所以植物学家称我们的花为“隐头花序”。

人类平常吃的果肉其实就是我们的花。我们的花非常小，呈絮丝状，微红色，从发育的时候就有了。

天哪，吃了那么多年无花果，原来吃的是花呀，真是太不可思议了！

无花果树的花托把花包裹得那么严实，该怎么授粉呢?

无花果树：我们的果实顶部有一个小孔，可以让针尖大小的榕小蜂钻入。这是唯一能给我们授粉的昆虫。顶部小孔就像一个锁眼，只有头部形状合适的榕小蜂才能顺利开“锁”。所以，每个无花果都对应着独特的寄生蜂。

钻入无花果的榕小蜂在里面产卵，并顺便为雌花授粉。不久，幼虫在无花果中孵化、成熟，然后纷纷飞出无花果，同时带走了花粉。

你知道吗？

无花果树是一种优良的观赏与环保树种，树冠广大，枝叶茂盛，铁杆银茎，美观大方，并散发出清郁的芳香，沁人心脾。枝叶可以吸收空气中的苯、二氧化碳、二氧化硫、硝酸雾、粉尘等有害气体，有利于环境保护。所以，我们要爱护无花果树。

榕树

我是繁荣茂盛的榕树，可以独木成林，因为我有一项神奇的本领，我的枝干能够长出许多气生根，气生根垂落在地面，然后扎进土里，地下部分迅速长成根系，地上部分长成树干。就像人类繁衍后代一样，我们通过气生根迅速繁衍出许多子孙，于是形成了茂密的榕树林。

孟加拉榕树的气生根多达 4000 根，像一片巨大的树林！

植物小名片

木兰纲—蔷薇目—桑科

分布范围：亚洲热带和亚热带

种类：常绿大乔木

用途：可制作渔网和人造棉，可入药，可用作园林绿化

榕树是世界上树冠最大的树木吗?

榕树：是的。我们榕树的树冠庞大，覆盖面积可达数百平方米。最大的孟加拉榕树，树冠投影面积可达 1 万平方米，夏天可容纳 1000 人乘凉，甚至可以搭台进行文艺表演。

我们庞大的树冠跟生长特性密切相关。我们有非常独特的气生根，这是一种生长在空气中的变态根，没有根毛和根冠，不能吸收养分，但能吸收空气中的水分，而且还有呼吸功能。

我们利用气生根来繁衍后代，并且和子孙后代连体共生。我们根根相连，互相缠绕，彼此互相支撑，形成一个庞大的榕树家族，这就是我们独木成林、树冠庞大的原因。

为什么榕树下面通常光秃秃的，没什么植物?

榕树：我们不容许其他植物与我们共同生存。大自然的法则是物竞天择，适者生存。我们为了在激烈的竞争中取得胜利，必须对其他植物进行“绞杀”。

我们通常利用气生根附着在其他乔木上，沿着它们的树干向上攀缘和向下延伸，慢慢织成一张大网，紧紧包裹它们的树干。在地下，我们与其他乔木争夺水分和营养；在地上，我们和它们争夺空间和阳光，使对手失去输送营养和水分的能力，最终被“绞杀”。

好神奇!

滴水叶尖是雨林树木的一种形态特征，以菩提榕树最为典型。菩提榕树的叶尖非常长，像一条细长的尾巴，这会使叶片上积存的雨水汇聚到叶尖，迅速排水，保证叶面的健康。

椰子树

我是生长在热带地区的椰子树，我的树干光秃秃的，不长任何叶子，只有头部长着茂密的树叶，像一个新潮的爆炸头。

我结的果实个头像西瓜那么大，里面有营养丰富、清甜可口的椰汁，是夏天天然的解暑圣品。

植物小名片

木兰纲—棕榈目—棕榈科
分布范围：亚洲东南部、太平洋群岛
种类：常绿乔木
用途：食用、饮用，榨油

椰子树身上一道道横纹是怎么来的?

椰子树：这其实不是横纹，而是我身上的老叶子脱落后留下的环状叶痕。

幼年时期，我的树干非常短，叶片只生长在顶部，看上去好像全身都长叶子。随着我渐渐长大，树干不断向上延伸，变得越来越高，而且衰老的叶片不断脱落，于是留下一圈又一圈的环状叶痕；同时新生叶片不断长出，树干顶部的树叶越来越高，这就是我的优美树冠的由来。可别小看这些横纹，它们可是人类采摘我们的果实时可攀爬的脚踏之处呢！

哈哈，要是没有这些横纹，人们吃椰子还挺麻烦呢！

椰子皮那么硬，究竟是怎么传播种子的?

椰子树：我们靠海水来传播种子。因为我们生长在海岸边，果实成熟后就会掉入海洋，它们内部是空的，可以漂浮在海面上，随着水流漂向远方。

坚硬的果壳可以保护我们的种子不被海水腐蚀，还能抵御风吹浪打和日晒雨淋。在海洋漂流的过程中，我们的种子吸收果实的汁液变为椰宝，靠岸后，就通过发芽孔萌发。我们这身坚硬的装备只是为了让我们的种子历经长途跋涉后依然能生根发芽。

自己动手!

椰子壳很硬，并不容易打开。那么怎样才能喝到清凉甘甜的椰汁呢?下面教你打开椰子壳的正确方法。

准备一把刀，顺着椰子壳上的纤维一刀刀切下去，切到看见三个小孔就可以了。这三个小孔看起来就像人的两个眼睛和一个嘴巴，把那个嘴巴小孔用刀刮一下，然后把吸管插进去，就可以美美地享受椰汁了。

图书在版编目（CIP）数据

树木与自然 / 梦学堂编 . -- 北京 : 北京日报出版社，2024.6

（带着科学去旅行 : 中国少年儿童百科全书）

ISBN 978-7-5477-4763-6

Ⅰ . ①树… Ⅱ . ①梦… Ⅲ . ①树木－少儿读物 Ⅳ . ① S718.4-49

中国国家版本馆 CIP 数据核字（2023）第 254818 号

带着科学去旅行：中国少年儿童百科全书

树木与自然

责任编辑： 辛岐波
出版发行： 北京日报出版社
地　　址： 北京市东城区东单三条 8-16 号东方广场东配楼四层
邮　　编： 100005
电　　话： 发行部：（010）65255876
总编室：（010）65252135
印　　刷： 新生时代（天津）印务有限公司
经　　销： 各地新华书店
版　　次： 2024 年 6 月第 1 版
2024 年 6 月第 1 次印刷
开　　本： 710 毫米 ×1000 毫米　1/16
总 印 张： 40
总 字 数： 588 千字
定　　价： 248.00 元（全 10 册）